AF586705

ENQUÊTE AGRICOLE

DES
CONDITIONS DU CRÉDIT
APPLIQUÉ A L'AGRICULTURE

PAR

CHARLES RIVET

ANCIEN DÉPUTÉ ET CONSEILLER D'ÉTAT
CULTIVATEUR AU TEINCHURIER (CORRÈZE)

« Plus nos institutions et nos lois rapprocheront le travail du capital, et plus elles deviendront démocratiques, dans la bonne acception du mot. »

(LECOUTEUX, *Journal d'Agriculture pratique*. Chronique agricole, 2e quinzaine de juin 1866.)

Prix : 1 franc

PARIS
LIBRAIRIE CENTRALE D'AGRICULTURE ET DE JARDINAGE
RUE DES ÉCOLES, 82, PRÈS LE MUSÉE DE CLUNY
— **Auguste GOIN**, éditeur —

1866

443

DES

CONDITIONS DU CRÉDIT

APPLIQUÉ A L'AGRICULTURE

On a beaucoup parlé de l'agriculture on n'en parle plus : Les mercuriales des marchés ont repris leur niveau habituel. Le vent a soufflé la guerre sur le vieux continent ; or, les peuples pendant qu'ils se livrent à ce jeu terrible, consomment plus et produisent moins. L'Amérique oublie ses désastres en vendant ses cotons : mais elle n'a pas assez de céréales, et ouvre un débouché inattendu aux nôtres. Enfin, notre récolte elle-même n'annonce pas d'excédent.

De toutes ces calamités ressort jusqu'à présent pour la culture en France, une embellie qu'elle salue avec espoir, après le mauvais temps. Aussitôt, certains esprits qui font de l'optimisme un métier, se reprochent presque l'importance qu'ils ont donnée à ce qu'ils ont si généreusement appelé des souffrances. Ce n'était qu'un malaise. Deux ou trois mois d'exportation ont ramené le bien-être et rétabli l'équilibre. L'enquête n'a plus rien à dire et ne nous apprendra rien.

Quant à moi, je ne suppose pas en effet qu'elle apprenne grand chose sur ce qu'on veut savoir. Mais elle portera la lumière sur certains points du débat qui n'étaient pas dans le programme primitif. Je ne puis partager les craintes de ceux qui pensent qu'une enquête, même purement administrative, ne donnera pas aux faits le moyen de se produire au grand jour. Il suffira de les énoncer pour que tous les hommes pratiques soient aptes à les définir avec précision pour chaque localité. Que là, du moins les entraves de la publicité soient un peu élargies. Je n'en demande pas davantage pour la vérité.

Les circonstances passagères qui ont modifié la situation du marché des céréales, ne changent pas les causes profondes de trouble et de gêne qui menacent la production et lui imposent la nécessité de se transformer.

Peut-elle le faire avec ses propres ressources?

Tout le monde paraît d'accord sur la convenance de l'aider dans cette épreuve difficile. On reconnaît que pour en sortir victorieuse il lui faudra : le temps, l'intelligence, le capital.

Les deux premiers ne relèvent de personne.

Le dernier seul est à la disposition, non pas du gouvernement qui doit réserver son action pour des fonctions d'un autre ordre, mais d'une combinaison plus ou moins heureuse et efficace.

Je viens donc avec confiance poser devant l'enquête la question du Crédit, et j'essaie d'indiquer où il faut chercher la solution.

Dans une lettre qui n'a pas été livrée au public, mais dont quelques journaux ont bien voulu donner l'analyse et reproduire certains passages, j'ai déjà examiné quelles sont les conditions auxquelles le Crédit doit satisfaire pour devenir applicable à l'agriculture.

La Société centrale d'agriculture m'a fait l'honneur de s'occuper de ce travail. J'examinerai tout à l'heure si elle n'a pas été plus loin qu'il ne serait nécessaire. Mais elle a adhéré presqu'unanimement aux principes que j'avais invoqués.

Le congrès des Sociétés Savantes les a aussi adoptés après une discussion approfondie, dans laquelle il a bien voulu m'entendre.

Encouragé par ces suffrages, je crois devoir m'adresser maintenant au public que ces questions intéressent.

Celle-là, même, au surplus, a déjà fait un pas.

Les débats du Corps législatif ont provoqué les deux établissements financiers qu'on affirmait créés au profit de l'agriculture et devoir lui apporter le crédit, à déclarer, l'un que telle n'était pas sa mission ; l'autre, que dans l'état actuel de la législation, il rencontrait de graves difficultés à la remplir. Il y a donc, suivant une locution qui n'a plus cours, quelque chose à faire. Le gouvernement l'a reconnu. Un projet de loi a été élaboré par une commission spéciale, qui introduit certaines modifications dans le régime du code Napoléon. Un journal qu'on doit croire bien informé, annonce que le Conseil d'État en a été saisi. Le rapport de l'honorable M. Josseau, exposerait l'historique de la question, s'expliquerait sur les propositions qu'elle a suscitées et développerait les motifs des dispositions nouvelles adoptées par la commission.

Un autre projet de loi est plus avancé. Il a été porté au Corps législatif. C'est celui qui a pour but de réprimer les fraudes commises dans le commerce des engrais ; s'il était permis de compter sur son efficacité, il faudrait regretter que les législateurs n'y aient point consacré une demi journée, après celles qu'a si éloquemment remplies la discussion sur la propriété littéraire. Les abus du commerce des engrais sont aussi dommageables au fabricant honnête qu'au cultivateur ignorant. Si un pareil sujet se fût peu prêté aux grands effets de la parole, traduit en millions, il avait aussi son intérêt.

Quoiqu'il en soit, voilà ces questions abordées.

C'est maintenant aux hommes compétents à les débattre et à prononcer. Ne nous plaignons pas trop de ces retards si du choc des idées et des systèmes, jaillit enfin la solution la mieux appropriée aux besoins du pays, et par cela même la plus utile.

I

Il en est du crédit comme de tant d'autres bonnes choses. Il faut à la fois le défendre contre ceux qui le trouvent dangereux, et le préserver de ceux qui lui demandent ce qu'il ne peut donner. De ces deux adversaires, on ne saurait dire quel est le plus à redouter. Car, un essai malheureux et excessif fait échouer l'idée la plus utile.

Je m'attacherai donc à étudier les bases sur lesquelles

doit s'asseoir le prêt à l'agriculture et dans quelles limites il convient de le renfermer pour qu'il reste en rapport avec les besoins et les ressources de l'exploitation rurale. En d'autres termes je rechercherai ce qui est nécessaire, d'où ressortira ce qui ne l'est pas.

Je montrerai en quoi la législation actuelle est insuffisante et comment elle peut être modifiée, sans heurter un autre écueil et enlever à la propriété la protection à laquelle elle a droit. Par-là, je préciserai ce qui est utile.

Enfin, j'espère prouver que l'organisation efficace du Crédit pour l'agriculture, peut s'établir sur des données conformes aux vrais principes économiques, en dehors des utopies. J'arriverai ainsi à ce qui est possible et pratique.

Il n'y aurait peut-être aucune exagération à affirmer que dans l'état de l'agriculture en France, savoir si elle peut utiliser le crédit, est, pour son avenir le problème le plus important et le plus décisif. Mais quand j'avancerai que c'est celui sur lequel les doutes ont le plus besoin d'être éclaircis, les faits mieux constatés, et les doctrines plus sagement établies, je ne serai démenti par personne. On me pardonnera donc de ne pas suivre le questionnaire de la commission d'enquête, et d'aborder dans l'ordre qui me paraît le plus logique, les divers points qui conduisent à la solution.

II

Ce qui est nécessaire.

Avant tout, posons nettement la question. Quand on demande le crédit pour l'agriculture, est-ce pour la propriété ou pour l'exploitation du sol ?

Quand on le demande pour l'agriculteur, est-ce à son profit personnel, ou pour qu'il le fasse tourner à l'amélioration de la terre, à l'économie dans les moyens de production, autrement dit à la diminution du prix de revient?

Il y a là une distinction sur laquelle je ne saurais trop insister, parce qu'elle est la source de la confusion qui s'introduit dans le débat. Le point de départ n'étant pas nettement fixé; il n'est pas étonnant qu'on n'arrive pas au même but.

Entend-on mettre le capital à la disposition du propriétaire, qui veut emprunter pour se livrer à des entreprises à long terme, à des travaux d'irrigation, d'assainissement. Celui-là, moyennant l'hypothèque, peut se procurer les ressources qui lui sont nécessaires, et en s'adressant au Crédit foncier, il profite des avantages de l'amortissement. On a fait pour lui tout ce qu'on pouvait faire.

Ne nous occupons pas non plus du cultivateur, propriétaire ou exploitant, qui, pour faire face à un besoin d'argent momentané, veut emprunter à court terme, assuré qu'il est de s'acquitter à l'échéance. Si sa solvabilité est notoire, il signe un effet à trois mois, le négocie à un banquier; celui-ci, s'il est solvable lui-même, s'adresse au Crédit agricole ou à tout autre, pour faire escompter ce papier qui, revêtu de deux ou trois signatures ne diffère en rien du papier de commerce. L'opération se règle suivant le taux de l'escompte. Inutile de rechercher si le cultivateur fait une mauvaise affaire, quand le taux est élevé. Il avait à se procurer des fonds, il les a trouvés. L'échéance arrive, il paie. Il n'y a rien là qui soit particulier à l'agriculture, rien qui s'écarte des procédés ordinaires.

Enfin, veut-on venir en aide spécialement à la culture à grands capitaux, aux vastes spéculations, lui fournir de quoi installer ses bâtiments industriels, ses constructions perfectionnées, de quoi faire face à des assolements à longue durée, à son outillage économique mais dispendieux? Sans doute il est juste, il est désirable qu'elle puisse s'adresser au crédit, tout comme le ferait l'industriel dont elle prend les errements, et dont elle marche l'égale tout au moins quant aux garanties. Mais est-ce comme exploitant, n'est-ce pas plutôt comme propriétaire qu'elle offre ces garanties? S'il en est ainsi, s'il s'agit de frais de premier établissement, c'est encore à l'hypothèque qu'elle doit recourir. Au surplus, il en serait de même pour l'industriel. Celui qui prétendrait couvrir avec son fonds de roulement des dépenses de ce genre, ne tarderait pas à s'apercevoir qu'il prépare sa ruine.

Ce que nous cherchons donc, c'est uniquement le moyen de procurer à l'exploitation rurale proprement dite, le capital qui lui est nécessaire pour accroître son produit et ses bénéfices.

Peut-elle s'en passer? oui sans doute! Nos métayers de la Creuse, du Limousin et de plus du quart du territoire, s'en passent, comme ils se passent de viande et de pain de froment. Quand la grêle a enlevé leur récolte, quand l'épizootie a décimé leur maigre cheptel, ils se tournent vers le propriétaire et lui demandent quelques avances, pour échapper à la faim, eux et leur famille. Si l'année suivante est prospère, le propriétaire se rembourse; eux, ils recommencent sur de nouveaux frais, exposés aux mêmes chances, et hors d'état de s'en affranchir; ils ne songent pas à augmenter leurs produits, par des achats d'engrais ou d'amendements. Le propriétaire n'y songe guère plus qu'eux, mais par un autre motif.

Le voyageur qui traverse ces contrées sur lesquelles la stérilité semble avoir étendu son triste manteau, accuse la routine, l'ignorance, et nous reproche de ne pas savoir cultiver. Comment ces hommes, de mœurs si rudes, si sobres, si résignés, ne tirent-ils pas meilleur parti de la terre destinée à les nourrir? Et ces troupeaux, exténués par le défaut d'alimentation, par l'excès du travail, pourquoi ne sont-ils pas l'objet de plus de soins, ménagés avec plus de prévoyance? Certes! Notre population serait doublement coupable, si elle avait seule à répondre de cette situation dont elle souffre la première. Car elle est énergique, laborieuse, et ses instincts sont aussi généreux que calmes. Mais, avant tout, c'est à l'absence du capital qu'il faut s'en prendre. Causez avec ces pauvres travailleurs, à peine vêtus, encore plus mal nourris. Ils savent aussi bien que vous ce que produirait la chaux sur leur sol argileux, ils voudraient pouvoir lui donner l'engrais dont il est privé depuis si longtemps. Ces instruments perfectionnés dont ils connaissent très-bien les effets, ils seraient tout prêts à s'en servir. Mais le peu de seigle qu'ils demandent à cette terre épuisée, suffira pour leur assurer le vivre; les quelques moutons affamés qui parcourent la lande leur fourniront le vêtir, et ils auront ainsi le nécessaire, c'est-à-dire, de quoi passer l'année, la seule qui leur soit garantie par leur bail. Abordez maintenant le propriétaire. Lui aussi, il n'est pas plus ignorant qu'un autre, il lit les ouvrages et les recueils spéciaux; il est membre du Comice; il vous suivra volontiers dans la causerie sur le terrain des plus vastes améliorations. Mais quand il s'agit de les réaliser sur la plus petite échelle, s'il est de bonne foi, ce n'est pas le métayer qu'il accuse, il sait tout le parti qu'on en peut tirer. Il avoue que son revenu est trop exigu, et ses besoins trop continuels, pour lui permettre de constituer un fonds d'avances à la terre. Il reste ainsi dans cette indifférence apparente, qui laisse au métayer seul le soin de la culture, du cheptel, et qui a pour résultat, d'un côté une surveillance impitoyable, de l'autre une animosité sournoise et toujours éveillée.

N'est-il pas temps, non-seulement par esprit de justice, mais si l'on veut, dans l'intérêt social le plus égoïste, de remédier à un état de choses si fâcheux? D'ailleurs, ce n'est pas là seulement que le défaut du capital se trahit par l'impuissance du propriétaire ou du fermier.

Plaçons-nous devant les faits tels qu'ils sont. La terre, en France, est possédée par plus de 5 millions de propriétaires. Elle est cultivée par 500,000 familles de fermiers, autant de familles de métayers, plus 5 à 6 millions de petites exploitations au-dessous de 7 à 8 hect., où résident des familles de journaliers travaillant à la fois pour eux et pour autrui [1]. Supposons, ce qui n'est pas tout à fait exact, que ces six millions de familles restent étrangères au mouvement des améliorations, et que les métayers soient représentés par le propriétaire, ce qui est plus généralement vrai, nous restons en présence de 500,000 fermiers, ayant employé un certain capital à leur matériel d'exploitation, et de plus de 500,000 propriétaires possédant trente millions d'hectares, plus de 50 hectares en moyenne, pour chacun. Voilà les chiffres qui résument ce qu'on peut appeler l'état civil de la propriété. Un million de familles, les unes riches, les autres dans l'aisance, demandant au sol l'intérêt du ca-

(1) *Économie rurale de la France et de l'Angleterre*, par L. de Lavergne.

pital qu'il représente ou qu'elles y ont placé, et excitées tout naturellement à l'améliorer si elles en avaient le moyen, afin d'accroître les produits qui servent de garantie à cet intérêt.

Dans ce nombre, combien sont disposés à consentir une hypothèque pour exécuter les travaux les mieux conçus, les plus utiles, et dont le résultat semble assuré? Très-peu ; et il ne faut ni s'en plaindre, ni s'en étonner. Elles sont rares les entreprises de ce genre qui même sans avoir rencontré d'obstacles ou de mécomptes, ont couvert l'intérêt de 6 et 1/2 0/0 qu'exige le prêt hypothécaire?

Combien osent souscrire des effets de commerce à trois mois? Très-peu, excepté les cultivateurs ou quelques gros fermiers des départements voisins de la Capitale ou du Nord? Ici, encore, il ne faut ni se plaindre, ni s'étonner. Car, un effet de ce genre repose sur la certitude de l'acquittement à l'échéance, et si cette certitude n'existe pas, le prêteur se refuse, ou fait des conditions onéreuses à l'emprunteur.

Mais ce qui est le sort commun, ce qu'on rencontre à chaque pas, même dans les départements les plus riches, c'est le cultivateur, fermier ou propriétaire, à qui la pratique ou la science ont appris ce que la terre exige pour devenir productive, ce que l'augmentation du cheptel ou l'emploi des instruments perfectionnés donneraient de bénéfices. Il est intelligent, éclairé, actif; mais faute de capital suffisant pour faire face à ces dépenses, il se borne à déplorer son impuissance.

Que lui faut-il? simplement des avances.

Qu'offre-t-il pour garantie? son travail, ses produits, et le besoin qu'il a de justifier la confiance qui lui vient en aide.

Est-il donc vrai qu'il n'y a rien à faire pour lui? N'a-t-on à lui tendre qu'une main qu'il ne peut saisir?

Telle est la question d'intérêt général, la question d'économie publique, de richesse, de prospérité, de progrès moral, la question sociale, en un mot, qui est à résoudre. Le pays tout entier le sent bien. Derrière ces merveilleux instruments de civilisation, ces voies de fer, la navigation à vapeur, le télégraphe électrique et tant d'autres, pourquoi cette lassitude, ce malaise sourd, qui pèse sur les transactions à la Bourse, sur le Crédit public, et s'étend jusqu'à la propriété? Pour peu qu'on regarde autour de soi, on voit la cause écrite partout.

Les nations sont, comme les individus, prises par intervalle d'une espèce de fièvre de lucre. En proie à un vertige étrange, elles se jettent aveuglément dans toutes les voies nouvelles qui conduisent à la fortune. Pendant quelque temps la spéculation et l'esprit d'entreprises semblent être devenus leur vie et leur âme. On ne saurait nier que sous cette impulsion désordonnée, de grandes conquêtes industrielles puissent être faites et des résultats importants obtenus, qui concourent au bien être général. Remontons à quelques années seulement. A aucune époque le génie de l'homme n'a affirmé avec plus d'éclat et de puissance son énergie créatrice. Jamais de pareils efforts ne lui avaient été demandés. Il y a suffi, grâce au moteur nouveau dont il a disposé à son gré, le crédit. Mais le crédit est un moteur qui réfléchit : il a son entraînement, ses illusions. Viennent les mécomptes! il s'arrête et réagit quelquefois trop brusquement contre ceux qu'il en rend responsables. C'est là que nous sommes arrivés!

L'agriculture à son tour fait appel au Crédit. Les perspectives qu'elle lui montre ne reproduisent pas ces phases brillantes que nous venons de traverser. Mais aussi, il aura moins de déceptions à redouter.

Elle a avec son concours un grand pas à faire. Le voisinage de l'Angleterre lui offre des débouchés merveilleux pour ses bestiaux, ses fruits, et jusqu'à ses légumes. Ses céréales elles-mêmes ne sont arrêtées que par le haut prix de revient qu'une exploitation mieux entendue abaissera. Jusqu'à présent, le crédit s'est éloigné d'elle, faute de sécurité. Voilà l'élément qu'il faut lui ménager et qui attirera le capital.

Le Conseil d'administration du Crédit agricole déclare dans son rapport à ses actionnaires, qu'il ne manque à l'agriculture qu'une seule chose pour jouir des mêmes facilités que le commerce, à savoir, de prendre ses habitudes de régularité, de ponctualité vis-à-vis des échéances, en un mot de s'assimiler complétement à lui. Alors l'ère du crédit s'ouvrira pour l'agriculteur. Il deviendra justiciable des tribunaux de commerce pour les effets à court terme qu'il aura souscrits. Mais son papier sera admis à l'escompte, comme celui du commerçant.

Cette manière d'envisager l'avenir de l'agriculture, semble aussi avoir été implicitement adoptée par la commission qui a rédigé le projet de loi, puisqu'on y a inséré une disposition qui change la juridiction en matière de billets souscrits par l'agriculteur.

Quelle que soit ma déférence pour l'autorité d'un conseil qui a rendu des services incontestables, et où siégent tant d'hommes dont je connais les lumières et la haute expérience, quel que soit aussi mon désir de m'associer à un projet de loi, que j'ai moi-même réclamé, je ne puis voir dans cette innovation un avantage pour le cultivateur, même sous le rapport du crédit. L'assimilation de l'agriculteur et du commerçant me paraît en contradiction manifeste avec la situation actuelle de la culture en France. Je ne puis former un pareil vœu ni concevoir l'espérance de le voir s'accomplir.

On entend tous les jours mettre en présence les facilités dont jouissent le commerçant ou l'industriel pour se procurer des fonds sur une simple signature, et les embarras, qui arrêtent le propriétaire. D'un côté, dit-on, une latitude presque indéfinie : de l'autre, un cercle étroit, infranchissable. On n'oublie qu'une chose, c'est que le commerçant, lorsqu'il s'engage, représente le commerce que couvre sa raison sociale, et dont la solvabilité s'accroit de la sienne propre. Le caractère de l'effet qu'il souscrit exclut tout autre emploi que son mouvement d'affaires. Sans doute, il peut avoir signé des lettres de change, pour autre chose que ses opérations commerciales. Mais s'il n'a pas préparé des ressources pour faire honneur à cet engagement, il aura signé sa ruine. Il en est absolument de même pour le propriétaire ou pour le fermier, qui exploitent un fonds. S'ils empruntent pour améliorer, ils augmentent les ressources qu'on leur connaît, mais s'ils font des acquisitions ou des spéculations, qui prévoit quelle en sera l'issue? Or, précisément parce que leur exploitation n'est pas sous une raison sociale, il est difficile de savoir en quelle qualité et pour quel emploi, ils empruntent : aussi, l'effet qu'ils ont souscrit ne peut-il emporter la présomption qui entoure l'effet de commerce, et provoque-t-il la présomption contraire. Dès lors il faut qu'ils aient recours à une seconde signature, celle-ci commerciale, mais qu'on leur fait payer d'autant plus cher.

Soyez exact à l'échéance, dites-vous à l'agriculteur, et vous inspirerez la confiance, et votre papier deviendra une monnaie courante que tout le monde acceptera! Si la chose était aussi simple, il faut croire que depuis longtemps le meilleur des conseillers, l'intérêt individuel, aurait appris aux cultivateurs ces conditions élémentaires. S'ils ne les ont pas remplies, c'est qu'il existe dans l'exploitation rurale même, quelqu'obstacle qu'ils n'ont pu surmonter. Pour être exact, répondent-ils, il faudrait avoir le capital. Ce qui prouve que nous ne l'avons pas, c'est que nous vous le demandons! En effet, dès qu'on se rend compte des procédés au moyen desquels l'agriculteur réalise ses bénéfices, et qu'il ne dépend de personne de modifier, on aperçoit ce qui l'arrête. Supposez-le dans la situation la plus favorable. Exception malheureusement bien rare, il a eu de quoi fournir à la terre les engrais et les amendements qui vont lui assurer une récolte abondante, ses étables sont bien garnies, et autour de lui tout se meut sous l'impulsion intelligente qu'il imprime au travail. Mais, son capital ainsi employé, le percepteur payé, ses frais de toute nature acquittés, il aura été obligé de se procurer des fonds pour faire face à une dépense imprévue. Or, pour toucher le prix de vente de ses produits, il faut qu'il attende! non pas seulement la récolte, mais l'occasion de la vendre utilement! Non pas les fruits de son cheptel, mais les époques où on peut s'en défaire avec avantage. Si cette occasion manque, si ses calculs sont trompés, où prendre de quoi faire honneur, au billet même minime, qu'il aura souscrit? Il en demandera le renouvellement, répondrez-vous! mais alors, il se met en dehors des usages du commerce et son papier est décrié.

Ce n'est pas tout. Comment peut-il, lui qui ne rentre dans ses fonds et ne réalise ses produits qu'une fois par an, s'assimiler à l'industriel, qui, avec le même capital, aura cinq, six fois, et souvent plus, retiré son bénéfice et retrouvé le prix d'achat de la matière qu'il met en œuvre?

Sans doute, il ne faut pas confondre l'intérêt du capital placé en fonds de terre, avec le bénéfice de l'exploitant. Si l'un, dans les meilleures conditions ne dépasse guère 3 0/0, et paraît suffisant à cause des garanties qu'il offre, l'autre, lorsqu'il est le fruit de l'activité et de l'intelligence, s'élève de 5 à 10 0/0 au capital employé. Mais, même quand il y parvient, peut-on le mettre sur la même ligne que le bénéfice de 20 à 25 0/0, nécessaire pour compenser les chances du commerce et de l'industrie. Le risque n'est pas le même; le capital engagé, les procédés de vente, les conditions de paiement, rien n'est pareil! Enfin, concevez le commerce et l'industrie sans un fonds de roulement, et dites en quoi consiste habituellement celui du cultivateur.

Non! Point d'illusions, pas plus pour l'avenir prochain que pour le présent. A des conditions si diverses, il faut un régime différent. L'effet de commerce n'est pas un expédient que l'agriculture puisse utiliser. Un jour peut-être, lorsque les fermiers auront installé la grande culture et les débouchés industriels sur la plus grande partie du territoire, quand ils auront triplé leur capital d'exploitation, quand leur bénéfice atteindra 40 ou 50 francs par hectare en moyenne, la France se couvrira comme l'Angleterre et l'Écosse, de banques locales, à la fois banques de dépôt et de crédit. Chaque exploitation y aura son compte courant, où elle puisera à un intérêt modéré, les avances qui lui seront momentanément nécessaires. Voilà ce qu'il faut hâter de tous nos vœux, de tous nos efforts. Mais en sommes-nous là?

Qu'on me permette de rappeler quelques chiffres, que, faute d'une statistique officielle, je choisis dans les travaux si consciencieux et si instructifs de M. L. de Lavergne sur l'économie rurale de la France et de l'Angleterre. Je pourrais les résumer comme lui d'un mot, et constater que la supériorité de l'agriculture, de l'autre côté de la Manche, tient surtout à la différence du capital employé à l'exploitation. Mais il est utile de montrer comment ce capital, si insuffisant en général en France, le devient encore bien plus dans certaines contrées, et fait complétement défaut dans d'autres. Je prie ceux qui pensent que l'agriculture n'a pas besoin qu'on lui vienne en aide, de peser attentivement les faits qui suivent :

La moitié des terres arables est cultivée par des fermiers, l'autre par des métayers. A cette égalité, qui ne s'explique que par l'inégale répartition de deux millions de journaliers et de domestiques, voyons comment la terre répond :

Tandis que dans le département du Nord, le produit brut moyen est de 450 fr. par hectare, il tombe au-dessous de 90 fr. dans les départements du centre.

Dans ceux de la région du nord-ouest sur un produit brut de 180 fr., le bénéfice de l'exploitant est de 20 fr. par hectare. Dans ceux du sud-ouest et du centre, il est de 5 fr. sur un produit brut de 60 fr. D'où il suit qu'ici, 20 hectares affermés donnent, tous frais payés, 400 fr. de bénéfice net, tandis que là, tout en exigeant le travail d'une famille entière, ils ne lui laissent que 100 fr., et encore combien de métayers s'estimeraient heureux de les obtenir.

Mais pour y arriver, le métayer dépense en salaire, 50 0/0, tandis que dans les fermes de la région du nord et du nord-est, les salaires n'atteignent pas 44 0/0, autrement dit, plus de travail pour beaucoup moins de profit.

Pourquoi? parce que dans les cultures intelligentes, le capital d'exploitation s'élève souvent au-delà de 1,000 fr. par hectare, et que dans les pays pauvres, il tombe au-dessous de 50 fr. Dans ces deux chiffres si concluants, que représentent les agents directs de l'amélioration du sol, les engrais, les machines, etc.? Ici, les deux cinquièmes, là, rien! Il résulte d'une statistique officielle, qu'en 1864, dans 39 départements, le commerce des engrais n'avait pas pénétré. Les machines y étaient presque inconnues.

J'ai montré tout à l'heure l'inventaire de la propriété, voilà le bilan de l'exploitation!

Peut-il être question, en organisant le crédit pour l'agriculture, de combler de prime-abord cet immense déficit, et de fournir aux contrées déshéritées les ressources à l'aide desquelles d'autres ont atteint le plus haut degré de prospérité ? Non, sans doute.

On a fait remarquer d'ailleurs avec juste raison, que comme le mouvement de la consommation ne marcherait pas assez vite pour suivre une révolution aussi subite, on risquerait fort d'avoir égaré et compromis le capital.

Mais quand on se rappelle :

Que dans 14 à 16 millions d'hectares le produit brut reste au-dessous de 80 fr., dans d'autres s'élève entre 90 et 180 fr :

Que le nord-ouest produit en moyenne 28,000,000 d'hectolitres de froment par an, et le sud-ouest moins de moitié :

Qu'ici, le blé rend 15 fois la semence, et là 5 fois.

Que sur quelques points on compte une tête de bétail par hectare en culture ; que sur d'autres, 10 hectares ont à peine l'équivalent :

Que les frais de culture, autres que les salaires, c'est-à-dire, les avances d'engrais, d'amendements, de bestiaux, représentent ici 10 fr. par hectare pour l'intérêt du capital, et là seulement 2 fr. ;

Il faut s'écrier avec M. de Lavergne que ces chiffres parlent assez haut d'eux-mêmes, et ajouter qu'ils donnent la mesure du service à rendre.

Citons encore, après lui, l'exemple de cet habile et opulent propriétaire d'un des départements du centre, qui, en présence de fermiers novices, dépourvus de capitaux, s'est fait leur banquier, leur avançant l'argent dont ils ont besoin pour leurs achats, et touchant pour eux le produit de leurs ventes. Ces fermiers d'abord débiteurs, sont devenus peu à peu créditeurs. Voilà la véritable mission du crédit agricole ! Ne parvînt-on ainsi, en quelques années, qu'à augmenter la production d'un hectolitre par hectare, le surcroît de richesse due à cette intervention ne serait pas moindre de 140 à 150,000,000 fr. par an. Ne fît-on, ce qui vaudrait peut-être mieux encore, que permettre à l'agriculture d'entrer d'une manière plus générale, dans le système qui combine l'accroissement des fourrages artificiels avec celui des bestiaux, on aurait ainsi hâté cette transformation qu'on nous montre comme l'avénement du progrès?

III

Ce qui est utile.

Ce qu'il faut, avant d'aller plus loin, soigneusement approfondir, c'est la nature du gage que l'exploitation agricole peut offrir?

Il n'est pas raisonnable de chercher à établir le crédit là où n'existe pas le gage, autrement dit la garantie. Mais aussi partout où vous trouvez un gage suffisant, vous pouvez compter que le crédit s'établira.

L'État affecte une portion des revenus publics au service de sa dette. Il crée un papier, la rente ou les bons du trésor, qui repose sur cette affectation.

La propriété foncière a son papier, l'obligation hypothécaire.

L'industrie a le sien, le warrant.

La marine marchande a le connaissement.

Les chemins de fer ont leurs obligations.

La Banque de France a le papier par excellence, la monnaie fiduciaire, dont le gage est dans ses dépôts, son portefeuille et son capital.

L'exploitation de la terre, cette industrie la plus vaste et la plus sûre de toutes, serait-elle donc la seule qui n'offrît aucune base certaine et appréciable, à un titre, qui représenterait ses produits? Il y aurait là, il faut en convenir, un phénomène bien digne de l'attention des économistes. Mais dès qu'on se rend un compte exact des faits, on voit qu'il n'y a, dans les procédés par lesquels la culture réalise ses bénéfices, rien qui fasse exception aux lois qui régissent l'industrie en général. On peut même affirmer, que dans aucune des industries, qui ont pour objet la transformation d'une matière première, on ne rencontre des conditions comparables de sûreté, de permanence et de régularité; comment avec de tels avantages, serait-elle dépourvue d'élément de Crédit? Ce qu'il faut d'abord remarquer, c'est que la loi civile a voulu les lui donner. De ce qu'elle ne répond qu'imparfaitement à nos besoins nouveaux, il serait injuste de conclure, que la législation même antérieure au code Napoléon a méconnu les exigences de l'exploitation rurale et n'a pas cherché à les satisfaire. Ainsi, elle a prévu que le cultivateur pourrait manquer des ressources nécessaires, pour acquitter : *ses frais de labour et de semences* ! elle accorde au prêteur un privilége sur les produits de la récolte de l'année, même avant celui du propriétaire.

Les frais de récolte ! Ils sont l'objet du même privilége, et si la jurisprudence les a limités aux dépenses faites pour préparer la terre, et à celles qu'entraînent l'enlèvement de la récolte et les soins qu'elle exige après avoir été enlevée, si la Cour de cassation a écarté les fournitures d'engrais et d'amendements, les fumiers naturels employés à la production sont partout admis dans les frais préparatoires.

Les ustensiles aratoires ! Non-seulement un privilége du même ordre est acquis sur le prix de vente, à celui qui les a fournis, mais, comme il s'agit d'effets mobiliers, il peut user du droit de revendication, dont l'exercice est réglé par des dispositions favorables.

Enfin *les bestiaux !* Il est permis sans doute de blâmer les précautions prises pour que le bail du cheptel ne devînt pas un instrument de fraude. Peut-être dépassent-elles le but et sont-elles rigoureuses, excessives. Mais si d'une part il était naturel de protéger le propriétaire contre des abus possibles, de l'autre la matière était délicate, et la difficulté qu'on éprouve aujourd'hui à modifier la loi, doit faire excuser ceux qui en la rédigeant se sont peut-être laissé trop dominer par les usages locaux. Quoi qu'il en soit, on ne peut leur refuser le mérite d'avoir cherché, en faveur de l'exploitant, un moyen de se procurer, sans être obligé de les acheter, les bestiaux qui lui sont si nécessaires.

Semences, frais de récolte, engrais, amendements, ustensiles aratoires, bestiaux, n'est-ce pas tout ce qui est indispensable pour rendre la terre féconde, assurer au travail une juste rémunération ? Que peut-on demander de plus, dans l'intérêt d'une exploitation intelligente, quelle que soit l'étendue sur laquelle elle s'exerce?

Mais voici ce qui est arrivé dans la pratique.

Pour les labours ou les façons qui préparent la terre, ce n'est que dans des cas tout à fait exceptionnels, qu'on a dû recourir au crédit, et cela se conçoit, dès qu'on se rappelle ce qui se passe dans les fermes ou même dans les métairies, pour les travaux de ce genre. Ce privilége est donc resté sans application usuelle.

Les semences sont achetées habituellement avec le prix des denrées provenant de la récolte, quand elles ne sont pas prélevées sur la récolte même. Quant à celles qui sont demandées à des fournisseurs, on n'a pas recours au crédit, ou plutôt les fournisseurs se chargent de l'offrir, en réglant leurs livraisons à six mois, ou quelquefois à un an; ce délai se solde à la vérité par une augmention de prix, qui n'a de bornes que celles de la consommation et de frein que la concurrence (1). Mais là encore le privilége est rarement invoqué, bien qu'il soit incontestable. Les frais de récolte au contraire, ont soulevé des difficultés sérieuses depuis qu'une culture perfectionnée a reconnu la nécessité de suppléer par des engrais artificiels à l'insuffisance des fumures ordinaires, et de rendre à la terre par des amendements combinés avec soin, les facultés productives qu'on lui enlevait. Tant que la solution n'aura pas été imposée par une disposition nouvelle en harmonie avec les méthodes de l'agronomie, il est certain que le crédit en sera entravé. Mais le principe est écrit, il n'y a qu'à en tirer les conséquences, que, dans l'état de la science, on ne pouvait prévoir, lorsque le Code a été édicté.

Au surplus, alors même que la jurisprudence se serait établie sur le terrain favorable aux achats d'engrais et d'amendements, on se serait toujours heurté contre un obstacle qui ressort de l'art. 2102. Toutes les fois qu'il sanc-

(1) Les négociants qui font ce commerce honorablement regrettent la nécessité où ils sont de faire le crédit sous cette forme. Ils préféreraient le paiement au comptant, qui les dispenserait de réunir un gros capital. Au surplus, ils reconnaissent que les délais n'entraînent pas de perte sérieuse, et le chef d'une des plus grandes maisons m'affirmait qu'il n'avait jamais usé du privilége que la loi lui accorde, et dont il n'avait même pas mesuré bien exactement la portée.

tionne le privilége du vendeur. cet article quant à l'application qu'il en fait, ne va pas au-delà de la récolte de l'année. Ce délai était insuffisant, alors même que la culture, n'employait. pour rendre la terre féconde, en dehors du fumier qu'elle parvenait à produire, autre chose que celui qu'elle pouvait acheter. En effet, si on prêtait pour en acquitter le prix, ou si elle l'acquittait au moyen d'un engagement quelconque, et si le prêt ou l'engagement étaient à court terme, il fallait en cas de non paiement, attendre l'époque fixée par la loi, pour opérer la saisie de la récolte sur pied, ou dans le grenier. Si, au contraire, l'échéance était à terme d'un an, et même moins, le prêteur arrivait trop tard vis-à-vis de l'emprunteur de mauvaise foi, qui avait fait disparaître le gage. Les frais de procédure et ses incidents étaient d'ailleurs de graves empêchements.

Aussi le privilége ainsi accordé, est resté stérile entre les mains du fermier, et n'a reçu que des applications très-rares, quand aucune autre cause n'en arrêtait l'effet. Il faut reconnaître au surplus que l'importance de la question tait bien faible, tant qu'il ne s'agissait que du prêt pour l'achat du fumier de ferme, qu'il est difficile de se procurer.

Mais bientôt un champ plus vaste s'est ouvert pour l'agriculture. Elle a écouté les conseils de la science, et suivi les errements d'une pratique éclairée. Les engrais artificiels ont été employés avec discernement pour suppléer à la fumure ordinaire, les amendements pour changer la nature du sol. La terre a montré ses exigences, et on a vu qu'il fallait les satisfaire pour obtenir la rémunération du travail et du capital. Le régime des assolements entraînait des avances. Il est devenu évident que la récolte de l'année ne pouvait pas à elle seule les couvrir. L'art. 2102, aurait été impuissant, en présence d'une situation si nouvelle. L'application qui en a été faite par les tribunaux l'a rendu plus impuissant encore.

Quant *aux bestiaux*, c'est là surtout que le législateur bien qu'animé d'un certain esprit de prévoyance, a été dépassé par les faits et les besoins d'une culture plus variée. Les cheptels sont devenus extrêmement mobiles, l'élevage s'est subordonné à une foule de circonstances locales. Les troupeaux émigrent sans cesse, pour aller chercher des pâturages plus fertiles, ou pour se prêter au travail des terres. Ici, on les produit, là on les élève, là on les utilise, là on les engraisse, et souvent ces diverses évolutions ont lieu à de grandes distances. Elles nécessitent des avances importantes, et se proposent des bénéfices soumis à des fluctuations sensibles. Une modification à la législation qui régit les cheptels ne serait pas suffisante pour autoriser le crédit.

En résumé, achats de semences, d'engrais ou amendements, de machines, d'outils et de bestiaux, ces quatre moyens d'amélioration du sol et de production de la récolte sont déjà prévus par le Code Napoléon, qui en fait l'objet d'un privilége, ou en règle les conditions. Ils comprennent tout ce qui est nécessaire, tout ce qui est utile. Il ne s'agit donc que de compléter la loi, de la rendre plus facilement applicable, plus en rapport avec les procédés du crédit en lui fesant constituer un gage certain, palpable, et spécial.

Le gage de l'agriculture, ce n'est pas le droit sur la terre, comme on est porté à le croire, ce n'est même pas la solvabilité de l'agriculteur, si on ne considère que cette solvabilité seule. Le véritable gage de l'agriculture, c'est ce qu'elle crée : c'est la récolte et le croît ou le produit des bestiaux. Voilà l'esprit dans lequel l'art. 2102 a été conçu.

Cette garantie est-elle suffisante ?

Au premier abord, on est tenté d'en douter.

C'est avec ces seuls produits en effet, que le cultivateur doit assurer :

Les frais de toute espèce ;

Le fermage ou le revenu du capital que la terre représente ;

Le loyer de son travail et de son intelligence ;

Enfin, un certain bénéfice.

Pourra-t-il encore y trouver le remboursement des avances faites à crédit ?

Allons au fond des choses.

Prenons la terre la plus fertile et la mieux exploitée de la

Flandre ou de la Normandie. En froment, elle produit de 30 à 40 hectolitres à l'hectare. Mais comment a-t-elle été amenée à ce maximum de fécondité? Est-ce par la constitution exceptionnelle du sol? Cela est si peu vrai, que si l'on cessait de lui fournir l'aliment qui la renouvelle, au bout de quelques années elle serait d'autant plus stérile qu'elle aurait plus donné. Cet excédant est dû à l'emploi intelligent et incessant d'un gros capital pour lequel il faut prélever le remboursement et le même intérêt que s'il était appliqué à un autre usage. Que ce soit le fermier ou le propriétaire qui l'apporte, ou un tiers qui le fournisse, le compte sera le même. Il n'en faut pas moins faire entrer le montant de cet intérêt et ce remboursement dans le calcul du prix de revient. On ne fait donc que se conformer à ce qui se passe déjà dans l'ordre des faits que j'examine, quand on affecte au gage du prêteur le produit des améliorations obtenues à l'aide du prêt.

Recherchons maintenant ce qui a lieu pour les terres de qualité inférieure, peu productives, parce que depuis un temps immémorial on leur marchande l'engrais et les amendements. Elles rendent difficilement de 11 à 12 hectolitres à l'hectare; mais ce rendement est la base du fermage, si elles sont affermées, ou de l'estimation du revenu, si c'est le propriétaire qui exploite. Leur valeur vénale est en proportion. Dans l'hypothèse précédente, le capital employé pour obtenir un produit brut plus considérable devait prélever son intérêt et se rembourser avant d'arriver au produit net. Ici, ce capital n'existe point. Lorsqu'il s'agit de le fournir, il est encore évident qu'on ne change rien à la situation respective des intéressés, quels qu'ils soient, en prélevant sur le produit, qui va s'accroître par les améliorations, l'intérêt et le remboursement du prêt qui aura procuré directement cet accroissement.

Dans ces deux cas, c'est à la terre qu'on a fait des avances; c'est à elle qu'on a prêté; c'est la terre elle-même qui est chargée de servir l'emprunt qu'on a fait pour elle, et elle le servira certainement si, à l'aide du prêt, son exploitation est devenue plus économique ou plus productive.

Toutes les législations ont ainsi envisagé la récolte, et

en ont fait le gage réel de celui qui contribue à la produire.

Appliquez, en le renfermant dans de justes limites, ce principe si simple et si vrai, vous voilà en face d'une solution complète du problème! car le crédit, réclamé pour la terre, ne doit être que l'avance consacrée à des améliorations réelles, et par là, à l'augmentation des produits; c'est la véritable association du capital et du travail, association sûre, honnête, féconde, qui suppose une complète identité de vues et d'intérêts.

Tel est le but que nous nous sommes proposé, l'honorable M. Mathieu, député de la Corrèze, et moi, lorsque nous nous sommes réunis pour soumettre au gouvernement une modification de l'art. 2102, qui étendait au vendeur d'engrais, d'amendement de machines, ou de bestiaux le privilége déjà accordé au vendeur des semences et au prêteur pour les frais de la récolte.

Depuis, le principe que je viens de signaler a été reproduit dans d'autres propositions rendues publiques. Mais celles-ci vont beaucoup plus loin et touchent à d'autres questions. Une rédaction formulée par le Conseil d'administration de la *Compagnie du Crédit agricole*, paraît avoir servi de base au projet de loi que le Conseil d'État aura à discuter, et qui n'est encore connu que par l'article du journal que j'ai cité.

Il est indispensable que j'expose succinctement jusqu'où va notre rédaction et où elle s'arrête, afin de faire apercevoir en quoi nous nous rapprochons, et où nous nous séparons des idées sur lesquelles l'enquête va avoir à s'expliquer.

IV

Ce qui est possible.

La rédaction que nous avons soumise au Gouvernement (1) n'est point un projet de loi. C'est une simple modification

(1) M. Mathieu a pris l'initiative qui lui appartenait comme député et comme jurisconsulte, en signalant à l'Empereur la nécessité de modifier la législation. La note qu'il a remise à ce sujet a été renvoyée au ministre de l'Agriculture et ensuite à la Commission qui a préparé le projet de loi.

de l'art. 2102 du code Napoléon. Le quatrième paragraphe ne s'applique plus qu'aux frais de la récolte, tels que la jurisprudence les a définis. Deux paragraphes sont ajoutés, et font corps avec l'article. La voici, sous la forme que nous avons définitivement adoptée, et qui donne satisfaction à des observations dont nous avons reconnu le mérite.

Des priviléges sur certains meubles.

2102. Les créances privilégiées sur certains meubles sont :

1° Les loyers et fermages des immeubles, sur les fruits de la récolte de l'année et sur le prix de tout ce qui garnit la maison louée ou la ferme ; savoir, pour tout ce qui est échu et pour tout ce qui est à échoir, si les baux sont authentiques, ou si, étant sous signature privée, ils ont une date certaine ; et, dans ces deux cas, les autres créanciers ont le droit de relouer la maison ou la ferme pour le restant du bail, et de faire leur profit des baux ou fermages, à la charge, toutefois, de payer au propriétaire tout ce qui lui serait encore dû ;

« Et, à défaut de baux authentiques, ou lorsque, étant sous signature privée, ils n'ont pas une date certaine, pour une année, à partir de l'expiration de l'année courante.

« Le même privilége a lieu pour les réparations locatives et pour tout ce qui concerne l'exécution du bail.

Rédaction à substituer au quatrième paragraphe du 1° de l'article 2102 du Code civil.

« Néanmoins, les sommes dues pour les frais de la récolte de l'année sont payées sur le prix de la récolte de l'année, par préférence au propriétaire, dans l'un et l'autre cas.

« Sont assimilées aux loyers et fermages des immeubles, les sommes dues par le fermier ou colon partiaire, soit sur factures, soit sur effets, obligations ou engagements contractés à terme de deux ans au plus, pour achats de semences, engrais ou amendements, bestiaux de travail ou d'engraissement, et pour ustensiles servant à l'exploitation.

Le privilége du vendeur desdits objets s'exercera après

celui du propriétaire pour les fermages déjà échus et pour le terme courant, mais par préférence, sur les fermages et terme à échoir (1). »

Nous avons pensé qu'il y avait avantage à maintenir au code civil, tout ce qui a trait à la matière des priviléges, plutôt que d'y déroger par une loi distincte et spéciale. La jurisprudence qui s'établit conserve ainsi plus d'unité, et l'interprétation se fortifie par le rapprochement ou par l'opposition des dispositions contenues dans un même titre.

Quant au fond, nous nous sommes attachés à rester fidèle à l'esprit du législateur et au principe qu'il a posé. Nous avons mis un très grand prix à troubler le moins possible l'état de choses consacré par une pratique immémoriale. Il faut en effet que cette pratique présente un danger ou des inconvénients bien constatés, pour qu'il soit prudent de détruire ce qu'elle a édifié.

La rédaction proposée aurait pour résultat — de conserver dans son intégrité le privilége du propriétaire sur les récoltes et ce qui garnit la ferme, pour tout ce qui lui est dû par le fermier ou colon. — De consacrer le privilége institué par le paragraphe 4 au profit du vendeur de semences, sur la récolte et les produits, mais en l'étendant aux vendeurs d'engrais, d'amendements, machines et bestiaux. — D'atteindre par le privilége, à défaut des récoltes, tout ce qui garnit la ferme ou sert à son exploitation, par préférence au propriétaire, mais seulement après que celui-ci a été payé de tout ce qui lui est dû sur les fermages échus et le terme courant, et en maintenant son privilége pour la garantie des termes à échoir, après que le vendeur aura été désintéressé.

(1) Dans la première rédaction de notre proposition, afin d'ôter au propriétaire tout motif de réclamation, nous lui reconnaissions le droit de notifier son opposition au vendeur, qui devait, de son côté, l'avertir préalablement. Dans ce cas, le privilége du vendeur ne s'exerçait qu'en second ordre. On a objecté que cette disposition donnait au propriétaire un prétexte pour contrôler et gêner peut-être l'exploitation du fermier, que les formalités pour l'avertissement deviendraient coûteuses ou manqueraient de sanction. Nous nous sommes rendus, sans être bien convaincus. Mais ce qui nous paraît dominer ici, c'est que le privilége du vendeur soit nettement défini, à l'abri de toute contestation et puisse être utilement invoqué : le succès de toute combinaison est à ce prix.

La rédaction du projet de loi soumis au Conseil d'État contiendrait, toujours suivant le journal qui dit la connaître, des dispositions principales qui auraient pour objet :

1° L'application au gage civil des facilités créées par la loi du 23 mai 1863 pour la constitution du gage commercial.

2° La possibilité, en ce qui touche les récoltes, engrais, bestiaux, instruments garnissant une exploitation agricole, de les donner en gage sans déplacement au moyen d'une inscription au bureau du receveur de l'enregistrement du canton.

3° La réduction du privilége du propriétaire, aux fermages échus, à l'année courante, et *à une seule des années à courir.*

4° L'extension du privilége du vendeur de semences au vendeur d'engrais, *mais seulement sur la récolte de l'année.*

5° La juridiction commerciale pour toute personne ayant apposé sa signature sur un effet négociable, sans toutefois qu'il en résulte pour elle sa qualité de commerçant.

Le Crédit agricole et la société centrale d'agriculture se montraient plus favorables à nos idées, puisque tout en organisant le nantissement à domicile, en changeant la juridiction, ils réclamaient comme nous l'extension du privilége du vendeur sans le limiter à la récolte de l'année.

Mais ce qui marque essentiellement la différence de notre point de départ et de notre but, avec le projet de loi, c'est la suppression du privilége du propriétaire, *sur les termes à échoir*, après l'année courante et une année à courir. Le système dans lequel le projet de loi paraît conçu, a l'inconvénient de tous les systèmes qui ne reposent pas sur une idée nette, saillante, tirée du fond même des choses. Il ait trop ou trop peu. Trop au gré de ceux qui réclament le maintien de tous les droits acquis au propriétaire, trop peu pour ceux qui croient servir cet intérêt en dotant l'exploitation d'un moyen de crédit, mais qui veulent un moyen sûr, prompt, facilement réalisable, et entrant par sa forme, dans le mouvement habituel des capitaux. Pour ceux-là même. si ce résultat n'est pas obtenu, ou ne l'est qu'à moitié, le sacrifice du propriétaire est sans utilité.

Mais, si le nantissement, si le billet à ordre, ne peuvent se passer d'un gage, et si ce gage ne peut être offert qu'en réduisant le privilége du propriétaire, qui comprend aujourd'hui tout ce dont le fermier peut disposer, on est bien forcé, dira-t-on, de faire un choix !

Sans doute, mais à condition que ce choix, en donnant au fermier les ressources qui lui manquent pour rendre son industrie fructueuse, apportera aussi au propriétaire une garantie nouvelle de paiement.

Expliquons-nous.

Je suis bien loin de repousser le nantissement. L'idée de faire jouir l'agriculture aussi bien que le commerce des avantages du dépôt de marchandises devenues le gage d'un prêt, paraît au premier coup d'œil très-simple, et en elle-même elle n'a rien que de fort raisonnable. Les céréales et les produits du sol, sont, après tout, la denrée la plus commune, celle dont la vente est la plus assurée, et dont le prix se constate le plus facilement. Il ne s'agit plus que de dispenser celui qui veut l'affecter au nantissement, de l'obligation de la transporter et de la consigner dans un dépôt autorisé. Dès lors chaque ferme, chaque grange, peut être considérée comme renfermant un moyen de crédit pour celui qui y a ses récoltes, et les offre en garantie. Mais lorsqu'il faut organiser l'ensemble de mesures qui doivent assurer au prêteur la conservation du gage, le protéger contre la mauvaise foi, et faire en même temps que l'emprunteur puisse profiter des chances favorables pour la vente, les difficultés apparaissent, et je n'en veux d'autre preuve, que le projet de loi lui-même.

Le premier obstacle viendra du propriétaire qui, se sentant menacé, imposera par le bail la défense de recourir à la faculté écrite dans la loi. Une pareille clause n'aura rien de contraire à l'ordre public, et si elle n'entraîne pas la nullité du nantissement accepté de bonne foi, elle pourra donner lieu à indemnité. N'est-il pas à craindre en outre, que le propriétaire cherche à remplacer les sûretés qui lui seront retirées, par d'autres encore plus gênantes, l'hypothèque, le cautionnement, la solidarité de la femme, etc. Toutefois si on croit possible de traduire le contrat de nantissement à domicile en un warrant qui porte en lui-même sa garantie, et puisse être directement négocié par endossement, on aura évidemment créé un instrument dont l'agriculture tirera parti. Mais précisément parce que l'effet du nantissement est de donner une affectation privilégiée à une créance, il semble indispensable que les autres créanciers soient avertis et mis en mesure de conserver leurs droits. Dans tous les cas, il faut que le contrat ait une date certaine, pour éviter la fraude ou la mauvaise foi. Comment concilier les exigences d'un acte authentique, avec le warrant négociable? Lorsqu'il émane d'un entreposiaire des marchandises, institué suivant les formes légales, le warrant s'offre avec une signature dont la valeur est parfaitement appréciable. Ici, au contraire, le déposant s'affirmerait lui-même, et l'endosseur deviendrait responsable des conséquences du dépôt. Voilà de graves obstacles à la création d'un warrant agricole, comparable à celui du commerce, et s'ils sont insurmontables, il faut l'avouer, le nantissement perd beaucoup de son utilité pratique.

Sera-t-il, du moins, sous la forme quelconque qu'il prendra, établi sans frais, de manière que l'intérêt du prêt ne soit pas accru par des dépenses accessoires? Il devra supporter le coût du contrat s'il est notarié, de l'expertise qui aura dû avoir lieu pour constater la valeur des denrées données en nantissement. Enfin, l'emprunteur exposé à de graves conséquences, si ce gage vient à disparaître ou à s'altérer, sera obligé à des précautions matérielles, qui entraîneront quelques déboursés?

Si le paiement n'a pas lieu à l'échéance, toutes ces dépenses s'aggraveront des frais d'une vente judiciaire, avec affiches, adjudication etc.

J'aperçois bien que le nantissement à domicile pourra dans certains cas, venir momentanément en aide à un fermier embarrassé, mais je crains qu'il ne lui fasse payer ce secours bien cher.

On a proposé, pour diminuer les frais et donner aux tiers une sûreté, d'assujetir le nantissement à une inscription au bureau du receveur de l'enregistrement, ou à la justice de paix. Les expédients de ce genre dépassent presque toujours le but.

L'hypothèse dont on se préoccupe principalement est celle-ci : Le fermier, obligé de s'acquitter envers le propriétaire, ou envers un engagement quelconque qu'il ne peut ajourner, recule devant le sacrifice qu'il devra subir, s'il vend sa récolte dans une circonstance défavorable. Il veut attendre que les prix se soient relevés. Si le fermier n'est pas obéré, s'il est en règle pour les fermages échus, et qu'il n'ait à satisfaire que le propriétaire pour le terme courant ou exigible, ne lui sera-t-il pas plus facile d'obtenir un délai qui, dans ce cas ne saurait être bien long? S'il a à répondre à un créancier ordinaire, celui-ci ne lui accordera-t-il pas des facilités, lorsque du reste sa position n'inspirera pas d'inquiétude, et qu'il justifiera des ressources que lui assurent les récoltes qui restent invendues dans ses greniers? Quand même ce délai ou cet ajournement ne pourraient être obtenus gratuitement, ne préférera-t-il pas subir quelques exigences que de rendre publique sa situation momentanément embarrassée, par une inscription aux bureaux de l'enregistrement ou à la justice de paix? Qu'on ne regarde pas cette formalité comme insignifiante! Elle devrait l'être, car elle ne sera pas durable, et la vente de la récolte opérée, la radiation suivra immédiatement le remboursement. D'accord! Mais des scrupules, des préjugés, si l'on veut, qui tiennent de près à la considération, n'en feront pas bon marché, et il ne faut pas le regretter, pour la dignité des mœurs de nos campagnes.

Quoi qu'il en soit des formalités du prêt sur gage et de son utilité pour le cultivateur et même pour le fermier, il faut aborder la question du privilége du propriétaire, dont le nantissement suppose la réduction,

Lorsque l'art. 2102 du code Napoléon, fait céder le propriétaire devant le vendeur des semences ou devant celui qui a avancé les frais de récolte, il obéit à la logique la plus irrésistible. Bien loin de porter le moindre préjudice au fermage, il en assure au contraire le paiement. Voilà ce qu'il ne faut jamais perdre de vue. Le prix ou les avances ont servi directement à produire la récolte, et c'est avec le prix de la récolte que le fermage sera acquitté. Si après avoir remboursé le prix des semences et les frais de récolte il ne restait pas un bénéfice quelconque, capable d'assurer la rente de la terre, pourquoi la cultiver et surtout, pourquoi la prendre à bail? c'est donc dans l'intérêt de la propriété, et à son profit premièrement, que le privilége du vendeur obtient la priorité sur celui du propriétaire. Mais s'il ne ressort pas explicitement de la nature des objets livrés à crédit ou du but des avances faites, qu'ils ont été employés à créer la récolte ou à l'améliorer, si le prêt a pu être fait pour répondre aux engagements personnels du fermier en dehors de son exploitation, dans ce cas, pourquoi le mobilier qui sert à l'exploitation devient-il un gage qu'on peut enlever au propriétaire, et de quel argument se sert-on pour justifier la réduction de sa garantie?

Le privilége est excessif, dit-on, lorsqu'il embrasse toutes les années à échoir, et il est juste de rendre au fermier la libre disposition d'un mobilier, qui représente quelquefois une somme supérieure à ce qu'il pourra devoir au propriétaire.

Si on proposait le système qui limite le privilége du propriétaire à la valeur du mobilier d'exploitation telle qu'elle aura été fixée par une estimation contradictoire, lors de l'entrée en jouissance, non-seulement je n'aurais rien à répondre, mais je regarderais cette disposition comme très-favorable aux deux intérêts qu'il faut concilier.

Les baux en Angleterre et en Ecosse sont ordinairement réglés par des clauses de ce genre. Le fermier n'a plus rien qui l'arrête dans les améliorations qu'il veut introduire, et la propriété profite à la fin du bail de la plus value qui en résulte pour la terre. Un pareil régime renferme toutes les conditions qu'on doit avoir en vue pour le progrès de l'agriculture, et ceux qui en ont constaté les effets, les ont déclarés excellents.

Mais c'est la suppression pure et simple, et dans tous les cas, du droit actuellement acquis à la propriété, qu'il s'agit de prononcer, et au lieu de tous les termes à écheoir, le propriétaire ne sera couvert que pour une année en sus de l'année courante. Aucune autre compensation ne lui sera attribuée. Une question qui touche si intimement à la constitution même de la propriété vaut bien la peine qu'on s'y arrête.

Je ne voudrais rien exagérer. Je suis loin de méconnaître les droits du travail et de l'intelligence. Je les tiens pour aussi sacrés que ceux du capital. C'est sur l'alliance de ces forces, diverses quant à leur action, unes quant à leur origine, que me semblent reposer les espérances de la démocratie, dans l'avenir. Mais c'est pour rester fidèle à ces principes, que je cherche la conciliation et non la subordination d'un intérêt à l'autre.

Ce privilége qu'on peut sans doute trouver dans certains cas exorbitant, c'est ce qui a fait de la terre un placement assez solide pour qu'on se contente d'un intérêt inférieur de moitié à celui des valeurs mobilières réputées les plus sûres. Le jour où vous aurez diminué les garanties qui l'eussent fait rechercher, qu'aurez-vous fait? Vous aurez diminué la valeur vénale du sol, diminué la richesse immobilière du pays tout entier, diminué l'importance de la propriété foncière dans les rapports qui existent entre les divers éléments de la fortune publique.

On se propose certainement un but sérieux, en remettant entre les mains du fermier et à sa disposition personnelle, une portion du mobilier de la ferme qui, aujourd'hui, est affecté en entier au privilége du propriétaire. Mais, quoi que vous fassiez, c'est une diminution de garantie pour la rente de la terre : or, toute diminution de garantie a pour corrélatif forcé un abaissement de valeur et par conséquent de prix. Cependant, tous les esprits prévoyants s'accordent à souhaiter que le capital se tourne de plus en plus vers l'exploitation de la terre, qu'il se laisse séduire par des avantages positifs et matériels, qui ne se rencontrent point dans les placements si périlleux dont la cote de la Bourse montre les variations. Est-il bien prudent de choisir ce moment pour ébranler celui de tous ces avantages qui jusqu'à présent a paru le plus incontestable, la sécurité du revenu? L'intérêt le plus puissant, celui vers lequel tous les efforts des hommes éclairés doivent tendre, je le vois dans cette association de la propriété et de l'exploitation, qui porte en

Angleterre des fruits si admirables, et dans laquelle les rôles sont combinés de la façon la plus utile; à l'un, les chances avec les bénéfices; à l'autre les sacrifices avec la certitude de la rente.

Je m'arrête, car les considérations m'arrivent en foule, et je craindrais d'être accusé d'aigrir une question délicate. Ce qu'il m'importe surtout de faire remarquer, c'est que cette réduction absolue du privilége du propriétaire en ce qui touche aux fermages à échoir, après une année en sus de celle qui court, n'est commandée que par la nécessité de rendre libre le gage dont le nantissement et le billet à courte échéance ne peuvent se passer.

N'y a-t-il pas d'autres combinaisons qui permettraient, par exemple, le nantissement au moyen d'un accord préalable avec le propriétaire ?

Quant au billet de commerce, j'ai démontré, je crois, qu'il ne devait être pour la culture qu'un procédé exceptionnel. J'ajoute qu'alors même que la loi ne reculerait pas devant les conséquences que je viens de signaler, le crédit de l'agriculture ne profiterait pas de la concession qui lui serait faite. Rien en effet ne peut remplacer pour le porteur d'un billet négociable, la certitude du gage, l'exactitude du paiement à l'échéance. Aucune garantie de ce genre ne serait encore acquise au prêt dans les conditions que nous examinons. La valeur de la créance dépendrait de circonstances qu'il serait impossible de prévoir quand on accepterait le billet? Le propriétaire était-il payé des fermages échus? Le mobilier de la ferme était-il suffisant pour couvrir, d'abord le fermage de l'année courante, plus celui d'un autre année, et enfin la somme prêtée? S'il était suffisant au moment de l'emprunt, le serait-t-il encore, lorsque par suite du non paiement, on le vendrait par autorité de justice? A toutes ces questions, il n'y aurait de réponse que la moralité de l'emprunteur, ou l'élévation du taux de l'intérêt. Ce n'est pas le crédit, tel qu'on veut l'établir : le but serait manqué, et le sacrifice imposé au propriétaire, ne porterait aucuns fruits. Cherchons donc ailleurs une base qui résiste à l'épreuve de la pratique, et qui nous assure le crédit, tel qu'il nous le faut.

Pourquoi nous échappe-t-il dans la combinaison que le projet de loi paraît avoir adopté ? C'est qu'on lui demande de venir au secours de l'agriculture, tandis qu'il ne devrait profiter qu'à la terre.

Ce reproche ne saurait être adressé à la proposition qu'on a lue plus haut. Elle ne porte non plus aucune atteinte réelle au privilége du propriétaire.

C'est en cela qu'elle nous a paru contenir les germes de cette heureuse conciliation, vers laquelle tous les efforts doivent être dirigés.

Quelques explications à ce sujet.

V

Ce qui est pratique.

J'ai déjà exposé quelle a été l'intention du législateur, lorsqu'après avoir établi en faveur du propriétaire pour sûreté des fermages échus ou à écheoir, un privilége sur les fruits de la récolte de l'année, et sur tout ce qui garnit la ferme ou sert à son exploitation, il accorde la préférence au paiement des sommes dues pour semences et pour les frais de la récolte.

Il ne peut être question de porter atteinte au privilége du propriétaire sur les fermages échus ou sur le terme courant, puisque cette préférence du vendeur à crédit ne repose que sur le concours divers direct qu'il a fourni à la production ou à l'exploitation. Or, ce concours ne peut être apprécié que dans ses résultats prochains, et ne saurait admettre de rétroactivité.

Mais, lorsque nous proposons l'interprétation qui étend le privilége à la fourniture des engrais et des amendements, c'est qu'elle rentre évidemment dans les prévisions de l'article 2102. Elle est conforme à l'opinion des jurisconsultes qui ont écrit sur ces questions. Elle a été pendant quelque temps admise par les tribunaux. Mais, ils se sont arrêtés devant un scrupule motivé sur le silence de la loi, dans une matière où le droit est strict, et ne doit pas être étendu par analogie. Deux arrêts, l'un de cassation, en 1857, l'autre de la cour d'Amiens, en 1863, ont évincé le producteur de chaux et le vendeur de guano.

Il faut faire cesser cette difficulté, et assurer aux engrais et amendements une protection dont l'agriculture recueillera la première les avantages.

A l'époque où le Code civil a été rédigé, l'analyse n'avait pas pénétré dans les entrailles de la terre, et n'en avait pas fait connaître la constitution chimique. On ignorait ce qu'elle gagnait et ce quelle perdait à produire; ce qu'il fallait lui apporter quand elle ne l'avait pas, lui rendre quand on le lui avait pris. Aujourd'hui, il n'y a pas un petit colon, un humble métayer, qui ne sachent bien ce que valent pour la terre les fumiers ou les amendements, et pas un ne contesterait que la récolte de l'année et celles qui suivront n'en recueillent les effets en proportion de ce qu'on aura employé. Dira-t-on que la semence, c'est la récolte elle-même, tandis que les engrais et les amendements ne sont que des stimulants? La distinction serait puérile. S'il y a un fait que la science ait élevé au dessus de toute controverse, c'est que certaines substances minérales ou autres sont tellement essentielles à la plante, que si elle ne les rencontre pas dans la terre, elle ne peut germer et croître. A ce point de vue, l'efficacité de la semence est contestable au même degré que celle de l'engrais ou de l'amendement. Ce qui est vrai, c'est que la semence se multiplie sous l'influence de ces agens, quand ils lui sont appropriés. Le seul point que l'on puisse contester, c'est la persistance de l'effet produit; et, pour répondre à toutes les objections, il serait convenable de limiter la garantie à la durée la plus courte des effets probables : deux ans, au plus. On comprend d'ailleurs qu'il y aurait quelque chose d'excessif à faire acquitter, sans délai possible, par une seule récolte, des avances qui profiteront successivement à deux ou trois. Une pareille rigueur conduirait quelquefois à une perturbation dans le revenu, qui ne serait motivée ni par les résultats observés, ni par l'intérêt des cultivateurs.

On doit réclamer aussi comme une conséquence du principe posé par l'article 2102 du Code Napoléon, que le privilége accordé aux avances pour frais de la récolte soit appliqué aux achats de machines, instruments et outils aratoires. Ne faut-il pas entendre, en effet, par ces mots : *frais de la récolte*, le travail sous toutes les formes où il a concouru à la produire ? La machine qui remplace les bras de l'homme pour battre le grain, celle qui fane la prairie, et tant d'autres qui substituent une force mécanique à la force bien plus dispendieuse et bien moins efficace que le Code a eue en vue, ne remplissent-elles pas le même rôle dans les opérations de la récolte ou dans celles qui l'ont préparée ?

La seule interprétation légitime est d'embrasser dans la même application toute dépense qui a eu pour objet et pour résultat la récolte ; et, dès lors, pourquoi l'obligation souscrite pour acquitter le prix d'une machine ne serait-elle pas garantie au même degré que le salaire, dont elle n'est après tout que la représentation ? Dira-t-on que les machines et les instruments profitent d'une autre disposition qui leur est particulière, et que le vendeur a le droit d'être payé sur le produit de la vente ? Pour les machines fixes, qu'il serait impossible de transporter intactes, l'usage de ce droit serait à peu près dérisoire. Pour toutes, dans la pratique, il serait sans application, car il est toujours facile de faire disparaître les instruments ou outils, au lieu de les produire à la vente.

Enfin, les bestiaux ! c'est l'engrais vivant. C'est, sans contredit, de tous les agents qui contribuent à l'amélioration de la récolte, le plus utile, et celui qui a le plus de droits à un encouragement. Mais le privilége ainsi appliqué aux achats de bestiaux de travail ou d'engraissement, lorsque ces achats auront donné lieu à un engagement à terme de moins de deux ans, ne fera pas obstacle aux modifications qu'on croirait bon d'introduire dans la législation sur les cheptels. Celle-ci touche à un ordre d'idées tout différent, et réglemente une société particulière qui n'est qu'une des formes du Crédit.

Voilà donc l'agriculture en possession d'un capital d'exploitation, qu'elle peut s'approprier en le proportionnant à tous ses besoins. Veut-elle renouveler les semences, accroître les fumures par des engrais du commerce, changer la nature du sol, utiliser ses fourrages en nourrissant temporairement des bestiaux, elle le peut faire. A quel taux d'intérêt? C'est ce que nous discuterons tout à l'heure. Mais la question capitale heureusement résolue, les autres se régleront d'elles-mêmes.

Soit! dira-t-on, mais au préjudice du propriétaire et des tiers créanciers?

La situation du propriétaire n'est point aggravée! On a vu que son privilége était maintenu par préférence pour les fermages échus et le terme courant. C'est un avantage notable. La rédaction actuelle de l'art. 2102 l'oblige à subir sur le prix de vente des fruits de la récolte de l'année, la priorité de la créance, qui a pour objet la fourniture de la semence ou les fruits de la récolte. Il peut donc arriver, que n'étant pas payé de deux ou trois années de fermage, il voie lui échapper les produits sur lesquels il comptait, tandis que dans le système que nous proposons, son droit acquis par le non paiement des fermages à l'échéance, est réservé, et c'est d'abord sur les fruits de l'année qu'il se paie, s'ils y suffisent. Mais ce qui domine toute autre considération, c'est l'emploi des sommes empruntées par le fermier, et l'amélioration du sol ou des divers éléments de produit, qui en résulte et qui assure au propriétaire la libération de son débiteur. Si celui-ci n'avait pas emprunté pour obtenir cette amélioration, serait-il plus en mesure d'acquitter ses fermages? Lorsqu'au contraire, par une combinaison habile des assolements, il aura tout à la fois accru ses fourrages, et porté de 15 à 25 ou 30 hectolitres, la production de chaque hectare de céréales, n'aura-t-il pas obtenu ainsi le véritable moyen d'acquitter la rente de laterre, tout en réalisant des bénéfices? Il faut nier le progrès, l'amélioration, ou avouer qu'ils servent aussi bien le propriétaire que l'exploitant, et que l'un ne peut en profiter, sans que l'autre y trouve son avantage. Mais, dira-t-on, s'il s'est trompé, si au lieu de l'améliorer, il a épuisé, appauvri le sol! sans doute, l'erreur qu'amène l'ignorance ou le défaut de jugement peuvent là, comme partout, aboutir à des mécomptes; cependant, ici, ils sont moins à craindre, car il faut nécessairement à l'erreur un complice, celui qui aura prêté, et qui avait intérêt à ne le faire qu'à bon escient. Il devait vouloir être payé : or, il ne le sera qu'après le propriétaire. S'agit-il d'engrais, d'amendements? L'avance sera nécessairement en rapport avec l'étendue de la culture, avec l'importance du résultat à attendre. Y eût-il excès de fumure, ce n'est pas le propriétaire qui devrait s'en plaindre. Les machines, les outils! La loi les réserve au vendeur, s'ils existent encore, rien n'est donc changé. Enfin, les bestiaux ! le propriétaire ne devait pas y compter, puisqu'ils n'appartiennent pas au cheptel ou au capital d'exploitation primitif. Pour qu'il ait à souffrir de la priorité limitée ainsi que nous le proposons, il faut aller jusqu'à supposer une connivence coupable. Mais elle sera bien facile à prouver. Sous cette forme, et c'est à mes yeux un avantage qu'on ne saurait estimer trop haut, le crédit à l'agriculture, a ce rare bonheur, que le prêteur et l'emprunteur ont tous deux le même résultat en vue, la prospérité du gage, l'un pour accroître son bénéfice, l'autre pour assurer son remboursement. Prêteur, emprunteur, propriétaire, tous les trois profitent donc des mêmes chances favorables, redoutent les mêmes déceptions. Mais le dernier reste toujours en possession de la supériorité que lui donne son droit d'être payé avant tout autre, de ce qui est échu.

Au surplus, allons aussi loin qu'on voudra. Je pourrais soutenir que s'il y a un moyen d'être utile au propriétaire, c'est de faire ce qu'il devrait faire lui-même, fournir à celui qui exploite pour lui, le capital qui lui manque, les engrais, les bestiaux qu'il devrait lui procurer. Mais, supposons que ces moyens ont échoué, qu'avec ce qui pouvait l'enrichir, le fermier s'est ruiné. Le propriétaire et le prêteur ont eu recours chacun pour son compte, aux saisies qui doivent conserver leur droit sur l'actif. Si la récolte suffit pour les satisfaire tous deux, ou si elle couvre la créance du propriétaire seul, celui-ci est hors de cause. Il n'a donc à s'occuper que de l'hypothèse où la récolte étant insuffisante, il aura à exercer son privilége sur ce qui garnit la ferme ou sert à l'exploitation. Dans ce cas encore, il prendra d'abord sur le prix de la vente de quoi acquitter ce qui lui est dû ; il est assuré, autant qu'il peut l'être actuellement, de ne rien perdre de ce chef, et ne reste exposé qu'à une seule chance comparativement fâcheuse, celle, où le mobilier de la ferme, après avoir remboursé la créance privilégiée du vendeur, ne présente plus de quoi faire face aux fermages à échoir. Ce qui est bien conforme à la pratique, c'est que dans ce cas extrême, le propriétaire pour rester seul en présence du mobilier et de l'avoir du fermier, remboursera le prêteur et se fera subroger à son privilége pour le confondre avec le sien.

Ce que j'ai dit, pour justifier la préférence qui doit être maintenue à ce même privilége, en présence de celui du propriétaire pour les termes non échus, s'applique évidemment aux droits des autres créanciers. Améliorer le gage commun, assurer au débiteur des ressources qui se traduisent en bénéfices, faire en un mot sa position meilleure, ce n'est pas nuire à ceux qui attendent de lui leur paiement.

Autre objection! On nous dit : vous invoquez un principe équitable et vrai. Il vous autorise, nous le concédons, à comprendre dans l'énumération que vous proposez, les achats d'engrais, d'amendements, de machines et de bestiaux : mais l'art. 2102 leur affecte uniquement pour gage les fruits de la récolte de l'année, et vous y ajoutez l'extention de ce privilége sur ce qui garnit la ferme ou sert à l'exploitation. Votre principe ne vous suit pas jusque-là.

Nous répondons : en premier lieu, cette extension est nécessaire. Car les saisies opérées par le prêteur pour assurer son paiement sur la récolte de l'année, seraient sans effet si l'emprunteur était de mauvaise foi, ainsi que je l'ai montré plus haut. La garantie qui résulte de la loi actuelle serait donc illusoire. En outre, la créance étant privilégiée, en raison du but pour lequel elle a été contractée et de l'emploi qui en a été fait, il serait souverainement injuste de ne pas lui conserver ce caractère, sur tout ce qui constitue le capital de l'exploitation, lorsque d'ailleurs, la récolte de l'année cesse d'être son gage spécial, et acquitte par préférence ce qui peut être dû au propriétaire. D'ailleurs, dès que les achats dont l'acquit a constitué la créance, ont été employés à une récolte, et en ont créé les produits, si ces produits n'ont pas été vendus, il est de toute justice qu'ils servent à acquitter ce qui les a produits. L'art. 2102 ne dit pas autre chose. S'ils ont été vendus, et ont servi à payer les fermages, le propriétaire peut-il se plaindre de voir exercer sur ce qui garnit la ferme, un privilége qui, s'il avait été revendiqué dans l'année de la récolte, l'aurait privé de ces mêmes fermages qu'il a touchés? Nous ne faisons donc que déplacer le gage, et c'est parce que nous ne le retrouvons plus sous la forme que la loi lui affecte, que nous en demandons l'équivalent. Le principe n'est ni altéré, ni exagéré. Il reçoit seulement son application utile, et ce n'est qu'à cette condition qu'il peut servir de base au crédit.

Au surplus, pour nous rendre compte du véritable intérêt du propriétaire dans la question, plaçons nous, au moment du renouvellement d'un bail, en présence de trois concurrents qui consentent le même prix de fermage et apportent le même capital d'exploitation. L'un déclare qu'il n'entend point l'augmenter, parce qu'il craint de perdre l'excédant, si le privilége venait à être exercé, pour les termes à échoir. Il préfère s'abstenir de toute amélioration. L'autre, annonce l'intention de l'accroître, parce qu'il veut améliorer; mais il y met pour condition que nous renoncerons en sa faveur à notre privilége, au delà d'une année à échoir. Le troisième enfin, ne conteste point notre privilége. Il reconnaît que son capital d'exploitation est insuffisant, qu'il faut le doubler, afin de tirer de la terre tout ce qu'elle est capable de donner. Mais cette avance excède ses ressources, et il nous propose de la faire pour lui. Il paiera un intérêt convenable des sommes ainsi employées, et il expose en outre, qu'à la fin du bail, il aura plus que doublé ses produits et montré par son exemple qu'ils peuvent suffire à la rénumération d'une famille laborieuse et d'un capital considérable. Il affirme qu'il aura ainsi élevé proportionnellement à ses bénéfices, le prix que nous serons en droit de réclamer pour un nouveau bail. Nous serons ses commanditaires, et à la fin de la société, nous recueillerons une part dans la liquidation, indépendamment de l'intérêt annuel. Certes, si celui-là nous inspire confiance, et si nous avons le capital à fournir, nous lui donnerons la préférence sur le second. Nous le préférerons même au premier, si nous faisons entrer en ligne de compte des pensées d'avenir pour la propriété à affermer.

Eh! bien, trois systèmes sont ainsi en présence : l'art. 2102 tel qu'il est, le projet de loi, et la proposition que nous avons rédigée. Mais la situation faite par celle-ci au propriétaire, est bien plus favorable, car les avances que demande le fermier peuvent être faites par un tiers ; et, sans bourse délier, sans courir aucune chance, le propriétaire aura sa part dans la liquidation, comme s'il avait été associé.

N'est-il pas juste qu'en vue de cet avantage, il concède le droit, non d'être payé avant lui de l'intérêt échu, mais seulement et en cas de déconfiture du fermier, de rentrer dans le montant des avances qui auront été faites, et dont il aura profité ; d'y rentrer par priorité sur ce qui ne lui est pas dû encore, et, qui n'est peut-être pour lui qu'une garantie ?

Mais si cela est juste, si l'intérêt bien entendu de la propriété le commande, il faut l'accorder sous une forme qui permette de l'utiliser.

Où conduit en effet la constitution du privilége, tel que nous l'avons conçu ?

Si nous ne nous sommes pas fait illusion sur son efficacité et sa portée, il deviendra le point de départ du crédit qui sera libre de s'offrir sous trois formes :

Ou le prêteur sera le vendeur lui-même. Mais il pourra avoir deux prix l'un au comptant, l'autre pour le règlement à terme, et dans ce dernier cas l'intérêt sera diminué par la facilité et la sûreté du paiement.

Ou le prêteur sera un tiers, qui consentira à faire au vendeur des avances exclusivement destinées à payer les achats spécifiés par la loi, et pour lesquelles il se fera subroger au privilége résultant des factures.

Ou enfin, le prêteur sera un intermédiaire entre le vendeur et le cultivateur, qui recevra l'engagement de celui-ci, paiera pour son compte la livraison faite par celui-là, et émettra pour se couvrir une obligation à laquelle sera attaché le privilége qu'il aura acquis en soldant la facture.

Il est évident que cet intermédiaire peut s'établir dans l'intérêt du vendeur, ou dans celui du cultivateur, ou enfin au profit de tous les deux.

Il est visible aussi, que des banques locales créées dans les centres où l'abondance des affaires les provoquera, pourront escompter et répandre les engagements privilégiés des agriculteurs émis sous une des formes qui viennent d'être indiquées, et énonçant la nature et l'objet des achats.

Je n'ai pas la prétention d'indiquer au Crédit sa forme la plus utile, et celle sous laquelle il rendra tous les services qu'on doit attendre. Ce que je crois avoir démontré, c'est qu'il suffira d'avoir institué le privilége, de l'avoir nettement défini, pour qu'il vienne se traduire dans un papier qui sera pour l'exploitation agricole ce que l'obligation foncière est pour la propriété, ce que sont les obligations pour les chemins de fer. Ce papier suivra toutes les variations du taux ordinaire des transactions non commerciales : il se négociera plus ou moins facilement suivant l'abondance ou la rareté des capitaux, suivant la valeur plus ou moins bien établie des récoltes et du mobilier d'exploitation qui lui serviront de gage, de même que les effets de commerce se mesurent à la solvabilité de leurs signatures. Mais, il présentera tous les caractères qui font rechercher comme placement, un papier à échéance.

La limite de deux ans que nous assignons au remboursement, est en rapport avec la durée de l'effet produit par les semences, les engrais ou amendements, et l'élevage des bestiaux. Elle se plie d'ailleurs aux diverses combinaisons qui peuvent convenir soit au prêteur, soit à l'emprunteur.

Le recouvrement d'une créance reposant sur un titre ainsi établi, sera plus facile, plus sûr, et soumis à moins d'éventualités que celui d'une créance hypothécaire.

Émanera-t-elle d'un fermier ? Aucune formalité de purge, d'ordre : nul débat possible avec le tiers. Les droits du propriétaire, ni plus, ni moins : ils renferment toutes les sûretés désirables. La propriété ne saurait offrir un titre plus solidement garanti, même l'hypothèque.

Que si l'emprunteur est propriétaire, l'engagement qu'il aura contracté pour l'achat des objets qui concourent à améliorer sa propriété suppose tout d'abord un emploi utile, qui augmentera ses ressources pour se libérer. Dans la plupart des cas, l'accroissement des produits suffira pour rembourser les avances; car, on ne peut craindre qu'un homme sensé contracte une dette personnelle pour se livrer à des expériences stériles. Mais écartons cette considération pour ne nous attacher qu'à l'engagement en lui-même. Pourquoi l'effet souscrit par un propriétaire présenterait-il moins de solidité que celui souscrit par un commerçant? La contrainte par corps est reconnue inefficace, et n'a jamais arrêté la mauvaise foi. N'est-il pas plus facile d'apprécier la situation d'un agriculteur que celle d'un fabricant ou d'un banquier? Ne sait-on pas s'il cultive avec intelligence et profit, si ses biens sont déjà engagés? Enfin, la gestion de sa fortune ne se fait-elle pas en quelque sorte au soleil, tandis que l'industriel et le commerçant sont intéressés à se tenir dans le secret. Il ne sera pas en mesure à l'échéance, soit! mais il s'acquittera certainement, et la valeur de son engagement ne sera point altérée par le renouvellement.

En fin de compte, quelles sûretés peut-on imaginer de plus pour un papier négociable? le prêteur qui l'acceptera aura devant lui, faute de paiement, les récoltes, les meubles de toute espèce, si le débiteur est fermier; l'expropriation, s'il est propriétaire.

Alléguerait-on comme une difficulté, les frais et les lenteurs d'une procédure civile? mais dès qu'il s'agit d'exécuter un débiteur insolvable, pense-t-on que les frais et les lenteurs soient moindres pour arriver à se faire colloquer en rang utile, et entrer dans un concordat, que lorsqu'il faut obtenir une expropriation?

Quant au débiteur en lui-même, s'il est insolvable, propriétaire, il a du moins un immeuble d'une valeur appréciable et qu'on a pu évaluer à l'avance, sur lequel, si des hypothèques étaient inscrites, leur chiffre était connu; commerçant, le passif se découvre tout à coup, sans qu'on ait pu le calculer, sans qu'aucune donnée vous ait averti, excepté peut-être lorsqu'il était trop tard. Cela est si vrai, qu'on s'estime heureux quand le commerçant possède dans son actif quelques valeurs immobilières qui offrent une base certaine.

Pour dernière issue, le commerçant aboutit à la faillite, le propriétaire à la déconfiture. Le résultat n'est pas différent.

Jusqu'ici, je ne suis pas sorti des données générales de la question.

Il me reste à exposer par quels procédés pratiques l'instrument mis à la disposition de l'agriculture pourra fonctionner assez sûrement et assez simplement, pour entrer dans l'emploi habituel du capital, et se prêter aux exigences des industries qui concourrent à l'exploitation rurale.

Ce n'est pas tout que d'avoir fait surgir le crédit en lui apportant un gage qui lui donne la sécurité que rien ne saurait suppléer.

Il faut que le titre par lequel il se traduit ait une forme qui le rende facilement échangeable, qui réponde à toutes les convenances des placements, en un mot qui en fasse ce qu'on appelle une valeur courante.

Sans doute, dès qu'on proclame l'impuissance de la contrainte par corps, je ne vois pas, quant à la sûreté du paiement, de différence entre le papier de commerce et l'effet du cultivateur, tel que j'ai cherché à le définir. Le titre, en lui-même, ne présente aucune condition d'infériorité. Mais s'il s'agit de l'escompter, l'un est à courte échéance, 90 jours au plus : l'autre devra souvent comporter un délai d'un an, et quelquefois aller jusqu'à deux. Par cela seul, il devra s'adresser à d'autres intermédiaires que la Banque de France. Si, en dehors de la Banque de France, il se présente à un banquier ou à une Société de Crédit qui en avancent le montant, elles réclameront (et ce sera justice), une commission qui élèvera sensiblement le taux de l'intérêt.

De ce côté, rien n'est possible, toutes les fois que l'effet à négocier sera à long terme.

On ne serait pas plus heureux, si, comme on l'a proposé, on créait une ou plusieurs banques spéciales, qui se borneraient à l'escompte du papier des cultivateurs. A moins de découvrir une espèce particulière de capitalistes, visant au patriotisme et à la philanthropie plutôt qu'à faire valoir leur argent, il faudrait toujours que ces banques prissent une commission, et la nécessité de rétribuer des agens dans les localités, les frais de toute espèce, exigeraient qu'elle fût élevée.

Quand on se rend un compte exact de ce que doit être le papier de l'agriculture, on reconnaît tout d'abord qu'il doit emprunter la forme des obligations remboursables à terme, plutôt que celle des effets de commerce. Il ne faut pas perdre de vue un point fort essentiel que j'ai déjà signalé. Le cultivateur qui signe l'engagement, ne doit pas recevoir le montant en espèces. L'opération suppose nécessairement trois parties en présence. Le cultivateur qui achète, le fournisseur qui livre, et le tiers prêteur qui paie. Pour que le titre souscrit soit la traduction de la transaction qui intervient, il faut qu'il soit dans la forme du billet à ordre, qu'il énonce la valeur fournie en acquit d'achats compris dans la catégorie prévue par la loi, et de plus que la facture acquittée y soit jointe, ou qu'elle résulte du billet même.

Ces conditions remplies, il est transmissible, et le porteur devient créancier du cultivateur, mais créancier privilégié, de même que le porteur d'une obligation de chemin de fer devient créancier, mais avec la garantie de l'État quand elle est acquise.

Quant à l'intérêt, il sera variable sans doute. Mais si le titre a pris place parmi les bonnes valeurs, les variations ne seront plus subordonnées qu'aux mêmes causes qui réagissent sur les fonds de la même espèce, et non au taux de l'escompte.

Rien ne s'opposera donc à ce que le cultivateur trouve en même temps le fournisseur qui lui vendra les objets dont il aura besoin pour son exploitation, et le capitaliste qui les acquittera en son lieu et place. Ce capitaliste sera une société de crédit, un banquier, ou tout autre. La valeur du titre qu'il recevra en échange reposera toujours sur le privilége.

Mais la difficulté de trouver un prêteur n'est pas le seul obstacle qui arrête les progrès de l'agriculture. Consultons ce document si triste à la fois et si instructif, l'enquête sur les engrais industriels; c'est là qu'on voit se dérouler tous les aspects de cette question si variée et si multiple. C'est là aussi qu'on peut étudier toutes les conséquences du défaut de crédit. L'acheteur ne pouvant payer comptant, le vendeur est obligé de lui donner terme quelquefois d'un an et plus ; le prix de la marchandise s'élève et il le faut bien, puisqu'au prix de revient, on doit ajouter l'intérêt du capital avancé qui ne rentre que tardivement. Voilà pour la fabrication honnête et loyale. Mais, il y a un autre expédient qui ne se trahit pas par l'élévation dans les prix, c'est la fraude sur la qualité, sur la quantité ! Celle-là non-seulement elle ouvre au fabricant de mauvaise foi une source de bénéfices dont il règle seul la limite, mais elle se glisse bientôt dans les usages locaux, elle s'affiche effrontément, et quand elle a pris pied dans les procédés usuels, elle s'aggrave et reçoit en quelque sorte une nouvelle façon, lorsque l'engrais passe par un intermédiaire. Tous ceux qui liront ce tableau dressé par les fabricants, les acheteurs, les savants, et l'administration elle-même, reconnaîtront que je n'en assombris point les couleurs. Je dis plus : les abus sont révoltants sans doute ; la morale publique en souffre autant que la fortune agricole elle-même. Et cependant pour être équitable, il faut avouer que si le prix élevé des engrais les rend inaccessibles à la culture, la fabrication honnête devient impossible, et se trouve placée devant un dilemme, où il est moins étonnant que la probité succombe. Par ce motif et par beaucoup d'autres, on doit craindre que la loi soumise en projet au Corps législatif, n'ait pas les effets qu'on s'en promet. Mais parvint-elle à réprimer, à prévenir la fraude, il n'en serait que plus indispensable de venir en aide à toutes les industries que cette question intéresse.

Dans le commerce des engrais et des amendements, l'intermédiaire joue un rôle inévitable et important. L'Enquête l'affirme et cela se comprend. Créez cet intermédiaire dans des conditions telles qu'il soit intéressé à ce que les achats ne portent que sur des objets de bonne qualité et appropriés au résultat, c'est la plus efficace de toutes les garanties. Rien ne saurait être plus utile, même l'intérêt minime pour l'avance des prix acquittés. Les cultivateurs sont unanimes à déclarer que ce qui les arrête dans l'emploi des engrais et des amendements, c'est le doute sur la qualité et par conséquent sur les effets prévus. Comment les rassurer mieux, qu'en s'associant à eux, et en spéculant avec eux sur ces effets d'où doit ressortir le remboursement des avances qu'on leur aura faites?

Au point de vue de l'agriculture, rien ne serait plus avantageux que d'apporter une sécurité entière dans le commerce des engrais.

Mais en ce qui touche exclusivement ce commerce, là ne s'arrêteraient pas les services que le crédit pourrait rendre. Chaque fabricant pour répandre les produits, les accréditer dans le public, en procurer le placement, opérer le recouvrement des factures ou des effets souscrits, doit recourir à une publicité coûteuse, entretenir des commis-voyageurs, faire des remises considérables aux agens locaux, louer des dépôts, et tous ces frais entraînent habituellement 20 p 0/0 du prix de vente.

L'industrie des machines et de l'outillage perfectionné s'exerce exactement dans les mêmes conditions. Une société de crédit qui d'une part les dispenserait de se procurer un capital pour retrouver leurs avances, de l'autre les exonérerait de tous les frais en se chargeant de la publicité, en supprimant les dépôts, et remplaçant les agences locales, leur rendrait un service, que ces fabrications regarderaient comme bien peu retribué par une remise, fut-elle considérable!

Dira-t-on que cette remise serait enfin de compte payée par les acheteurs! Il suffit de se reporter à tous les frais que je viens d'énumérer et qui sont aujourd'hui compris dans le prix des objets fournis, pour reconnaître qu'il y aurait économie, et toute diminution dans les frais tournerait avec le temps, et par l'effet de la concurrence au profit de l'agriculture.

Qu'on l'envisage donc quant à ses résultats pour le producteur ou le consommateur, un établissement de Crédit qui se placerait entr'eux, leur servirait de garant, de propagateur, fournirait à l'un de quoi se procurer ce qui va accroître ou créer ses bénéfices, à l'autre la disposition libre de son capital, une pareille institution serait une organisation éminemment utile et féconde. Elle ne demanderait rien à l'État, et se suffirait à elle-même, si le privilége qui lui servirait de base était solidement constitué.

Au surplus, ce n'est pas ici le lieu de formuler le programme d'une Société de ce genre. J'ai voulu seulement montrer sur quelles bases elle pourrait se constituer, et par quels moyens elle rendrait ce service, de procurer à la fois à l'exploitation rurale, l'achat, moyennant un taux d'intérêt modéré, de tous les objets nécessaires à son développement; et à la fabrication de ces objets, des conditions favorables qui feraient cesser la fraude, si nuisible pour tous.

Cette organisation financière à double effet aurait à mes yeux un mérite particulier que j'ai déjà fait comprendre, mais sur lequel il faut que j'insiste en terminant, d'abord parce qu'il caractérise la Société à former, ensuite parce que quelques personnes y ont vu pour elle une cause d'infirmité et même un sujet de reproches.

Par la nature même de ses opérations et pour conserver le privilége sur lequel elles reposeront, la Société de crédit devra s'interdire absolument le prêt en espèces aux cultivateurs. Eh! quoi, a-t-on dit! l'emprunteur sera contraint d'indiquer l'achat qu'il veut faire et qu'on acquittera pour lui! C'est le mettre en tutelle, c'est lui ôter toute liberté et lui infliger une suspicion presqu'injurieuse! Ceci réduit à sa juste valeur, signifie que ce n'est pas à l'exploitation qu'il est utile de prêter mais à l'exploitant, à l'agriculture mais à l'agriculteur, à la terre mais au propriétaire. Je n'hésiste pas, pour mon compte, à affirmer que la véritable infirmité pour le Crédit agricole, serait d'être conçu dans ce sens, et si tout ce qui précède a quelque valeur au point de vue du droit et de ses applications, au point de vue économique et des faits pratiques, on reconnaîtra que le problème ainsi posé est insoluble, dans le régime habituel de notre pays.

Oui, il faut le dire nettement! Pour jouir du privilége, il faudra que le prêt soit fait pour l'acquit des objets que la loi déclare privilégiés. Mais rien n'empêchera l'exploitant de faire son choix parmi ces objets, et ne gênera sa liberté. Au lieu d'acheter payable à six mois, un an, avec un intérêt excessif, il achètera au comptant, et n'aura qu'un intérêt modéré à servir, avec un remboursement éloigné. Il s'adresse bien aujourd'hui à un intermédiaire, et le plus souvent il est trompé!

Il jouira de cet avantage en s'adressant à l'intermédiaire, tel que je le conçois, qu'il sera sûr de la qualité, de la quantité, et par dessus tout que le prix ne variera que par la différence des transports. Il pourra donc faire ses achats dans de meilleures conditions, et ne recourir au crédit qu'autant qu'il y trouvera son profit. S'il peut se procurer de l'argent à meilleur marché, soit chez les particuliers, soit auprès des Banques locales, la Société n'y mettra aucun obstacle, et elle se bornera à la vente au comptant, pour le compte du fabricant. Elle agira donc au gré du cultivateur, soit simplement comme procurant des engrais et amendements, etc., soit en outre comme les procurant à crédit. Il est impossible de découvrir dans l'opération ainsi conçue, rien qui s'écarte des usages du commerce, rien qui porte le moindre ombrage aux scrupules les plus exigeants. Plus on réfléchira à ce qu'il faut rechercher dans une institution destinée, non à porter la perturbation dans les habitudes de la culture, mais à accroître ses conditions de prospérité sans l'exposer à des chances fâcheuses, plus on demeurera convaincu que le prêt ne doit pas être fait en espèces, mais bien sous la forme d'avances pour objets déterminés. C'est précisément vers ce but que cette étude a été dirigée, et c'est parce que je crois l'avoir atteint, que je me suis décidé à en rendre juge le public.

VI

CONCLUSION.

En résumé,

Si on veut user du Crédit, il lui faut un gage.

Ce gage, pour l'agriculture, ce n'est ni l'hypothèque, ni l'effet de commerce; c'est la terre elle-même améliorée, autrement dit la récolte.

Le code Napoléon l'a prévu, mais d'une manière incomplète, qui n'est plus en harmonie avec les besoins de la culture perfectionnée.

Par là, se justifie la modification de la législation, qui est proposée.

Une fois le gage solidement constitué, indépendamment du crédit privé qui peut s'établir, on conçoit une institution spéciale, qui procurera les moyens d'amélioration et contribuera ainsi à créer sa garantie. Le papier qu'elle émettra ne sera pas soumis à l'escompte de la Banque de France, et ne devra qu'à sa propre solidité la confiance qui en assurera la négociation à un taux modéré.

Offrant aux objets qui serviront à l'exploitation un débouché plus large et le paiement au comptant, elle recevra des vendeurs une remise qui lui permettra de ne réclamer qu'un intérêt plus faible de l'agriculteur.

Elle fera cesser à la fois, la fraude dans le commerce des engrais, et les emprunts usuraires.

Voilà toute une organisation que je crois utile, pratique et d'une réalisation facile.

L'agriculture française s'honore d'avoir à sa tête des propriétaires riches, influents, dévoués à ses intérêts; des savants qui assurent ses progrès; des hommes d'État qui comprennent l'importance de sa mission, pour l'amélioration générale du peuple. Que ne ferait pas un pareil patronage, s'il s'appliquait à créer, sous la forme la plus utile, l'institution dont je viens d'indiquer le but? Nous avons fait des Sociétés hippiques, des Sociétés d'acclimatation, des Sociétés coopératives. Ne pourrions nous faire une Société de Crédit pour l'exploitation agricole?

Quant à moi, au moment où l'enquête invite à s'expliquer sur cette question si grave, j'ai essayé de la dégager des doutes et des illusions qui l'ont obscurcie. Je me suis efforcé de la ramener à ses véritables proportions, et de montrer, comment ainsi réduite, elle pouvait encore satisfaire à tous les besoins légitimes. Je croirai avoir rendu, dans la faible mesure de mes forces, un dernier service à mon pays, si j'ai ainsi contribué à faire cesser un état de choses dont je constate tous les jours, autour de moi, les fâcheux effets.

Paris, 1er septembre 1866.

Coulommiers. — Typ. A. MOUSSIN.

www.ingramcontent.com/pod-product-compliance
Lightning Source LLC
LaVergne TN
LVHW012008160826
845678LV00002B/721

* 9 7 8 2 3 2 9 6 8 2 2 5 9 *